画说

电力施工安全生产严重违章100条

安徽皖电产业管理有限公司　组编

中国电力出版社
CHINA ELECTRIC POWER PRESS

前言

习近平总书记在党的二十大报告中作出“建设更高水平的平安中国，以新安全格局保障新发展格局”的战略部署，为我们做好安全工作指明了前进方向、提供了根本遵循。我们要牢牢把握习近平总书记提出的新要求、新任务，始终坚持人民至上、生命至上，统筹发展和安全，按照“理直气壮、标本兼治、从严从实、责任到人、守住底线”的工作要求，全面强化安全管理工作。

电网作为能源中转枢纽，在推进能源革命、服务“双碳”目标、构建新型电力系统中肩负着重要使命，发挥着重要作用。当前，区域与城乡电网发展不平衡不充分问题依然存在，推进高质量发展还有一些卡点瓶颈；保障能源电力安全可靠供应、推动能源清洁低碳转型面临多重考验，给安全生产带来严峻挑战。我们应切实增强忧患意识，坚持底线思维，以安全保发展、以发展促安全，坚决扛牢安全稳定责任，全方位筑牢本质安全防线。

在电力工程建设中，由于作业人员构成复杂，施工现场点多面广，风险隐患种类繁多，因此做好安全生产工作决不能有丝毫松懈麻痹，只有“思危于未形”，才能“绝祸于方来”。为此，我们系统总结电力施工中暴露出来的问题和事故经验教训，编制了《画说电力施工安全生产严重违章 100 条》，对电力施工安全管理重点内容进行总结提炼，制定了简明扼要的防范措施，并配以漫画插图，让每一位电力生产从业人员均能通过图文了解违章内容，快速掌握防范措施，增强安全管理水平、提升安全执行能力。希望读者通过阅读学习本手册，切实增强安全作业意识，全面提升安全专业知识技能，下好先手棋、打好主动仗，以踏石留印、抓铁有痕的作风，扎实做好安全生产工作，将风险隐患化解在萌芽阶段，维护当前安全稳定局面。

由于编者水平有限，加之时间仓促，本书若有疏漏不当之处，还望读者提出宝贵意见和建议。

编　者

2022 年 11 月

目录 / CONTENTS

第一部分

管理违章

第1条

违章内容

无日计划作业，或实际作业内容与日计划不符。

防范要点

1 电力施工承包单位承揽的内外部施工业务等作业全部纳入计划管理。

2 作业计划准确填写并录入“安全风险管控平台”。

3 工作票（作业票）作业任务与录入计划内容相符。

4 严控日计划和临时性工作。坚决消除无计划、超范围作业，禁止随意更改、增减作业计划和作业内容。

第2条

违章内容

存在重大事故隐患而不排除，冒险组织作业；存在重大事故隐患被要求停止施工、停止使用有关设备、设施、场所或者立即采取排除危险的整改措施，而未执行的。

防范要点

1 严禁强令他人违章冒险作业，或者明知存在重大事故隐患而不排除，仍冒险组织作业。如铁塔底段严重缺材，未形成稳固结构即进行上段施工。

2 严禁已被管理部门要求停止施工仍不听劝阻继续施工。

第3条

违章内容

建设单位将工程发包给个人或不具有相应资质的单位。

防范要点

① 按照规定程序发包，禁止将工程发包给个人或不具有相应资质的单位。

② 承包单位在“安全风险管控平台”准入并按要求录入营业执照、企业资质等资信文件。

③ 加强项目现场检查，对承包单位涉嫌转包、违法分包及挂靠等行为的，及时制止。

第4条

违章内容

使用达到报废标准的或超出检验期的安全工器具。

防范要点

1. 各类安全工器具必须进行使用中的周期性检测。
2. 安全工器具使用前应进行外观检查和相应试验。
3. 使用前检查试验合格标志在有效期内。

第5条

违章内容

工作负责人（作业负责人、专责监护人）不在现场，或劳务分包人员担任工作负责人（作业负责人）。

防范要点

1 工作负责人未宣布开工许可前，工作班成员不得擅自进入作业现场。

2 工作期间，工作负责人应始终在作业现场，若因故暂时离开（返回）工作现场时，应按规定办理相关手续。

3 劳务分包人员严禁担任工作负责人或小组工作负责人。

第 6 条

违章内容

未及时传达学习国家、公司安全工作部署，未及时开展公司系统安全事故（事件）通报学习、安全日活动等。

防范要点

① 定期及时开展安全日及安全例会，及时传达学习国家、国家电网公司安全工作部署。

② 安全日活动要有针对性、不走过场、留有痕迹，举一反三，密切联系自身工作实际，开展自查、分析。

第7条

违章内容

安全生产巡查通报的问题未组织整改或整改不到位的。

防范要点

1 严格落实《国家电网有限公司安全生产巡查工作规定(试行)》有关要求，针对安全生产巡查发现的问题，深刻剖析原因，举一反三，切实整改，做到“发现一个、整治一批、解决一类”。

2 坚持问题导向，加强对深层次矛盾和体制机制问题的分析研判，加快健全安全生产长效管理机制，积极推进安全生产治理体系和治理能力现代化。

第 8 条

违章内容

针对公司通报的安全事故事件、要求开展的隐患排查，未举一反三组织排查；未建立隐患排查标准，分层分级组织排查的。

防范要点

1 有针对性地组织开展国家电网公司通报的安全事故、事件举一反三式隐患排查整治，并留有痕迹。

2 落实《国家电网有限公司安全隐患排查治理管理办法》，建立健全隐患排查标准及隐患排查记录。

第9条

违章内容

承包单位将其承包的全部工程转给其他单位或个人施工；承包单位将其承包的全部工程肢解以后，以分包的名义分别转给其他单位或个人施工。

防范要点

① 严禁将承包的工程分包给个人。

② 承包工程后，严格履行合同约定的责任和义务，严禁工程项目转包、违法分包等行为。

第 10 条

违章内容

施工总承包单位或专业承包单位未派驻项目负责人、技术负责人、质量管理负责人、安全管理负责人等主要管理人员；合同约定由承包单位负责采购的主要建筑材料、构配件及工程设备或租赁的施工机械设备，由其他单位或个人采购、租赁。

防范要点

1. 严格承发包管理，按规定派驻主要管理人员。
2. 主要管理人员应取得相应资格证书。
3. 严格履行合同约定的责任和义务。

第11条

违章内容

没有资质的单位或个人借用其他施工单位的资质承揽工程；有资质的施工单位相互借用资质承揽工程。

防范要点

1 落实年度安全双准入，严格队伍人员资格资信审查。

2 加大对转包、违法分包、资质挂靠等违法违规行为的查处力度，强化事后责任追究，对负有工程质量安全事故责任的单位、人员严厉追究责任。

第 12 条

违章内容

拉线、地锚、索道投入使用前未计算校核受力情况。

防范要点

① 严格执行“三算四验五禁止”要求。

② 拉线、地锚、索道的受力计算书、布设方式及要求在施工方案中予以明确。

第13条

违章内容

拉线、地锚、索道投入使用前未开展验收；组塔架线前未对地脚螺栓开展验收；验收不合格，未整改并重新验收合格即投入使用。

防范要点

1. 拉线、地锚投入使用前，应按照施工技术方案要求进行验收并挂牌，在施工作业中应对其状态不间断进行监控。
2. 地锚应做好防雨水浸泡措施，并在施工作业中不间断进行监控。
3. 索道搭设完毕应进行验收并挂牌，日常应做好维护保养和定期检查。
4. 组塔架线前地脚螺栓必须通过验收。

第 14 条

违章内容

特高压换流站工程启动调试阶段，建设、施工、运维等单位责任界面不清晰，设备主人不明确，预试、交接、验收等环节工作未履行。

防范要点

全面厘清参建各方安全责任，成立相关部门、单位参加的现场作业风险管控协调组，现场作业风险管控协调组常驻现场督导和协调风险管控工作。

第15条

违章内容

约时停、送电；带电作业约时停用或恢复重合闸。

防范要点

1 停、送电均应按照值班调度员或有关单位书面指定人员的命令执行，严禁约时停、送电。

2 若作业超过计划作业时间，应严格执行工作票制度，办理延期手续。

3 带电作业，若需要停用或恢复重合闸，必须由调度员履行许可手续。

第16条

违章内容

承包单位将其承包的工程分包给个人；施工总承包单位或专业承包单位将工程分包给不具备相应资质的单位。

防范要点

1 严格执行承发包制度，按照规定程序发包。禁止将工程发包给个人或不具有相应资质的单位。

2 严格分包单位资质资信审核。

3 严格依法签订合同，明确双方权利、义务和责任。

第17条

违章内容

施工总承包单位将施工总承包合同范围内工程主体结构的施工分包给其他单位；专业分包单位将其承包的专业工程中非劳务作业部分再分包；劳务分包单位将其承包的劳务再分包。

防范要点

1. 规范采购及合同管理，严禁将主体工程或关键性工作违规分包。

2. 严格依法签订合同，明确双方权利、义务和责任。

第18条

违章内容

承发包双方未依法签订安全协议，未明确双方应承担的安全责任。

防范要点

1. 外包项目确定承包单位后，发包单位应与承包单位依法签订承包合同及安全协议。

2. 安全协议中应具体规定发包单位和承包单位各自应承担的安全责任和评价考核条款，由发包单位安全监督部门审查备案。

第19条

违章内容

将高风险作业定级为低风险。

防范要点

① 风险识别（现场勘察）完成后，编制“三措一案”、填写“两票”前，应围绕作业计划，针对作业存在的危险因素，全面开展风险评估定级。

② 评估出的危险点及预控措施应在“两票”“三措一案”等中予以明确。

③ 作业风险定级应以每日作业计划为单元进行，同一作业计划（日）内包含多个工序、不同等级风险工作时，按就高原则确定。

第 20 条

违章内容

跨越带电线路展放导（地）线作业，跨越架、封网等安全措施均未采取。

防范要点

1. 施工前，结合现场勘察和风险评估，针对跨越带电线路展放导（地）线作业，编制跨越架、封网等安全措施，加强现场措施落实和监督管控。
2. 跨越带电线路展放导（地）线作业，应优先考虑选用停电跨越架线方式，当采用不停电跨越架线方式时，应采取搭设跨越架等安全措施。
3. 跨越架应经验收合格后方可使用。

第21条

违章内容

违规使用没有“一书一签”（化学品安全技术说明书、化学品安全标签）的危险化学品。

防范要点

1 危险化学品单位在采购或接收危险化学品入库时应向供应方索要安全技术说明书，检查危险化学品包装上是否有安全标签，禁止购买或接收无“一书一签”的危险化学品。

2 储存、使用危险化学品单位应建立管理台账，安全技术说明书应专人保管，安全标签应始终保持完好无损、清晰可见。

第 22 条

违章内容

现场作业人员未经安全准入考试并合格；新进、转岗和离岗 3 个月以上电气作业人员，未经专门安全教育培训，并经考试合格上岗。

防范要点

1 所有现场作业人员应进行安全教育培训，经《安全生产工作规程》考试合格并在安全风险管控平台完成准入后方可进入现场作业。

2 新进、转岗和离岗 3 个月以上电气作业人员，应参加安全教育培训，并经《安全生产工作规程》考试合格后上岗。

第23条

违章内容

不具备“三种人”资格的人员担任工作票签发人、工作负责人或许可人。

防范要点

1 严格落实《安全生产工作规程》中关于“工作票所列人员的基本条件”相关要求。

2 “三种人”应由有本专业工作经验、熟悉电网及设备情况、熟悉安规，并经安规普考和“三种人”考试合格的人员担任。

3 “三种人”名单应统一公布。

第 24 条

违章内容

特种设备作业人员、特种作业人员、危险化学品从业人员未依法取得资格证书。

防范要点

① 严格安全风险管控平台安全准入审查，特种设备作业人员、特种作业人员、危险化学品从业人员必须在“全国安全生产资格证书查询网”等国家网站上进行核实。

② 特种作业人员应由取得相应资质的安全培训机构进行培训，并持证上岗。

第25条

违章内容

特种设备未依法取得使用登记证书、未经定期检验或检验不合格。

防范要点

1 特种设备依法办理使用登记，取得使用登记证书。

2 对在用特种设备的安全附件、安全保护装置、测量调控装置及有关附属仪器仪表进行定期校验、检修，并做好记录。

3 在特种设备安全检验合格有效期届满前1个月向检验检测机构提出定期检验申请。

4 未经定期检验或检验不合格的特种设备，不得继续使用。

第 26 条

违章内容

自制施工工器具未经检测试验合格。

防范要点

① 自制或改装的机具，以及主要部件更换或检修后的机具，应按规定进行试验，经鉴定合格后方可使用。

② 安全工器具经检测试验合格后，应在不妨碍绝缘性能且醒目的部位粘贴检测试验合格证。

③ 安全工器具的电气试验和机械试验应由有相应资质的检测机构试验。

第27条

违章内容

设备无双重名称，或名称及编号不唯一、不正确、不清晰。

防范要点

1 电气设备及杆塔应有唯一、正确、清晰的双重名称编号。

2 作业前，现场人员应认真核对电气设备和电杆双重名称编号准确无误。

3 新组立杆塔或新安装设备应及时粘贴临时双重名称编号。

第28条

违章内容

高压配电装置带电部分对地距离不满足且未采取措施。

防范要点

1 配电站、开关站户外高压配电线路、设备的裸露部分在跨越人行过道或作业区时，若10kV、20kV导电部分对地高度分别小于2.7m、2.8m，则该裸露部分底部和两侧应装设护网。

2 户内高压配电设备的裸露导电部分对地高度小于2.5m时，该裸露部分和两侧应装设护网。

3 加强设备巡查，防范因变压器周围堆积物品、货物及地面或公路修整造成对带电部分距离不足。

第29条

违章内容

电化学储能电站电池管理系统、消防灭火系统、可燃气体报警装置、通风装置未达到设计要求或故障失效。

防范要点

① 消防系统和消防设施应根据相关规定定期进行巡查、检测、检修、保养，并做好检查维保记录，确保消防设施正常运行。

② 火灾自动报警信号应接入有人值守的消防控制室。

第 30 条

违章内容

劳务分包单位自备施工机械设备或安全工器具。

防范要点

1 劳务分包单位使用的施工机械设备及安全工器具应由承包单位提供。

2 承包单位提供的施工机械设备及安全工器具应完好。

第31条

违章内容

施工方案由劳务分包单位编制。

防范要点

① 除专业分包的施工方案可由分包商编制外，电力施工承包单位所有施工方案必须由项目技术人员编制、电力施工承包单位技术负责人审批。

② 施工方案按电力施工承包单位内部流程报审报备，并按相关流程向监理单位、业主报审。

第 32 条

违章内容

安全风险管控平台上的作业开工状态与实际不符；作业现场未布设与安全风险管控平台作业计划绑定的视频监控设备，或视频监控设备未开机、未拍摄现场作业内容。

防范要点

1 作业开始前，工作负责人认真核实安全风险管控平台作业计划与上报一致。

2 作业前，工作负责人利用 App 绑定视频球机、获取地理位置、签到打卡开工、上传工作票，并及时上传关键环节照片。

3 作业结束时，要同步在 App 上点签收工或完工。

4 球机应对准主作业面，禁止遮挡。

第33条

违章内容

应拉断路器（开关）、应拉隔离开关（刀闸）、应拉熔断器、应合接地刀闸、作业现场装设的工作接地线未在工作票上准确登录；工作接地线未按票面要求准确登录安装位置、编号、挂拆时间等信息。

防范要点

1 现场勘察时，应对作业地段需要断开的断路器（开关）、隔离开关（刀闸）、作业现场装设的工作接地线等详细标注。

2 作业前由工作许可人会同工作负责人核实相关措施落实情况，准确登录安装位置、编号、挂拆时间等信息。

3 对现场关键措施执行情况加强监督检查。

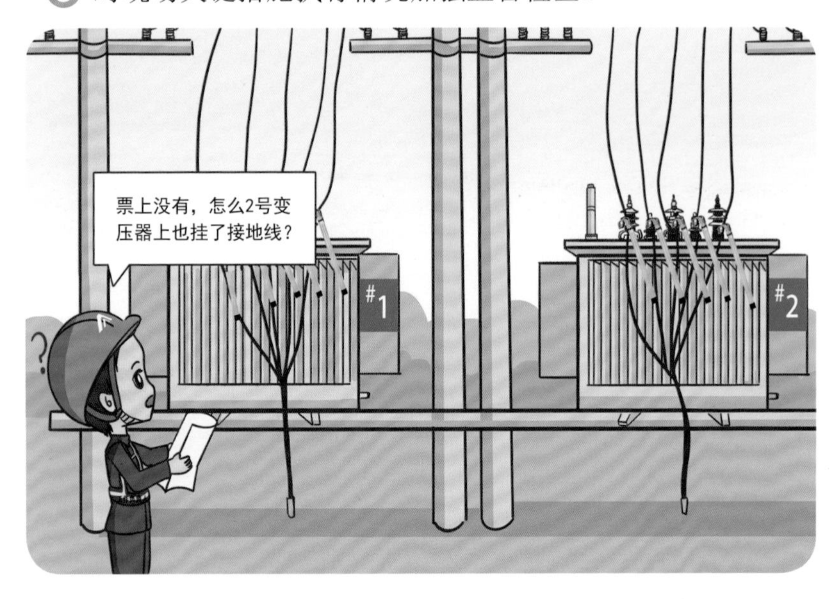

第 34 条

违章内容

链条葫芦、手扳葫芦、吊钩式滑车等装置的吊钩和起重作业使用的吊钩无防止脱钩的保险装置。

防范要点

作业前，由工作负责人对链条葫芦、手扳葫芦、吊钩式滑车等装置的吊钩和起重作业使用的吊钩进行检查确认，检查内容包括吊钩是否完好、防脱钩装置是否齐全，合格后方可入场作业。

第35条

违章内容

绞磨、卷扬机放置不稳；锚固不可靠；受力前方有人；拉磨尾绳人员位于锚桩前面或站在绳圈内。

防范要点

1. 认真开展现场勘察，明确绞磨、卷扬机放置位置、锚固方式。
2. 作业前由工作负责人检查绞磨、卷扬机放置是否平稳，锚固是否可靠，满足要求后方可进行作业，作业过程中应检查锚桩是否松动。
3. 在使用绞磨、卷扬机过程中设置监护人。

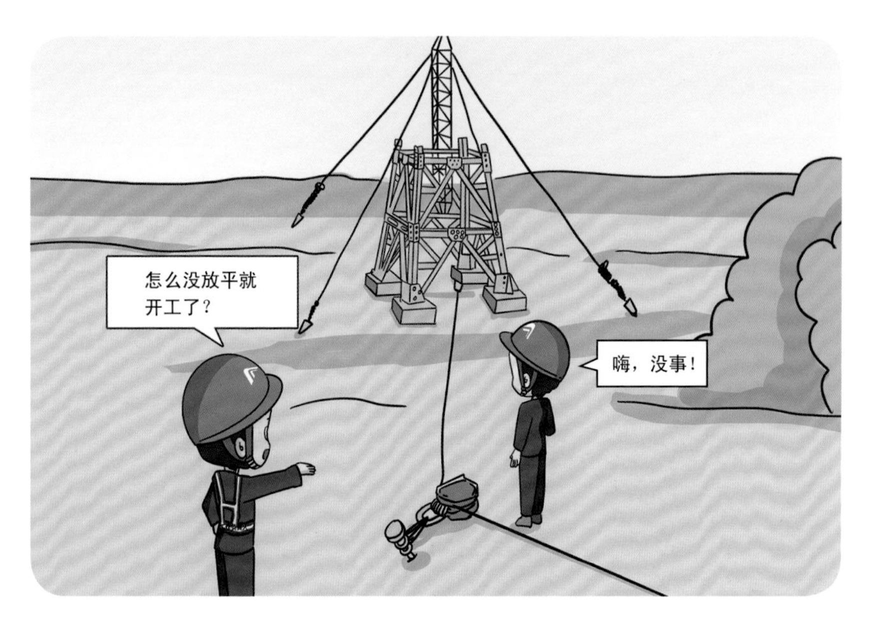

第 36 条

违章内容

作业现场被查出一般违章后，未通过整改核查擅自恢复作业。

防范要点

1 对于立查立改的违章，整改完成后，现场工作负责人向发现违章的安全督查中心申请核查，核查通过后方可复工。

2 整改期间，发现违章的安全督查中心至少对立查立改和停工整改情况进行一次复查。

3 复查发现未整改擅自恢复作业的，予以提级惩处。

第37条

违章内容

作业现场视频监控终端无存储卡或不满足存储要求。

防范要点

1 作业现场视频监控终端配置安装存储卡。

2 作业现场视频终端存储功能需满足：①存储卡容量不低于256GB；②具备终端开关机、视频读写等信息记录功能；③能够回传安全生产风险管控平台。

第 38 条

违章内容

施工单位未严格按照施工图纸进行施工，凭主观判断和个人经验采取降低设计标准的施工方案和措施。

防范要点

1 做好图纸校验和技术交底工作，了解和熟悉相关施工标准和方案，严格按照施工方案校验施工图纸。

2 按图纸及施工方案组织准备人员、设备及材料。

3 严肃现场监理，强化重点工序旁站及相关签证制度。

第39条

违章内容

地基工程、主体工程等重要部位（建筑物主体结构、线路基础、压接管等）隐蔽工程未经验收合格即进行下道工序施工。

防范要点

1 隐蔽工程经自检合格后，邀请驻地监理工程师检查验收，同时做好隐蔽工程验收质量记录和签字工作，并归档保存。

2 所有隐蔽工程必须在监理工程师签字认可后，方能进行下一道工序施工，未经签字认可的，禁止进行下道工序施工。

第 40 条

违章内容

混凝土强度未达到规范要求时，拆除模板支撑架。

防范要点

1. 模板支架搭拆人员必须取得建筑施工特种作业人员操作资格证。
2. 底模及其支架拆除时的混凝土强度应符合设计要求；当设计无具体要求时，混凝土强度应符合拆除表规定。
3. 拆除模板支架应经监理单位确认后方可进行，模板支架拆除应从上而下逐层进行。
4. 建立工程质量验收检查制度，工程项目部组织安全核查。

第41条

违章内容

临时用电未按照“三级配电，两级漏保”原则配置，不满足“一机一闸一保护”要求。

防范要点

1. 认真编制并落实现场临时用电方案。
2. 集中配送符合规定的配电箱和开关箱。
3. 施工现场临时用电由专业电工负责安装，监理项目部加强巡视，业主项目部定期组织开展专项检查。
4. 临时用电装备在作业现场经检查、验收合格后，方可投入使用。

第 42 条

违章内容

龙门吊、塔吊拆卸（安装）过程中未严格按照规定程序执行。

防范要点

1. 起重机械安装拆卸作业必须编制专项施工方案，超过一定规模的要组织专家论证。
2. 起重机械安装拆卸必须由具有相应资质和安全生产许可证的单位组织实施。
3. 起重机械安装拆卸人员、起重机械司机、信号司索工必须取得建筑施工特种作业人员操作资格证书。
4. 作业过程应设置专职安全监护人，全程履职监督。

第43条

违章内容

在带电设备附近作业前未计算校核安全距离；作业安全距离不够且未采取有效措施。

防范要点

1. 临近带电体作业前，应根据带电体安全距离要求进行全面验算，留有必要裕度后确定，编制“三措一案”。
2. 在带电设备附近作业，工作票应注明触电危险点并写明与带电设备的最小安全距离。
3. 在带电设备附近使用起重设备，作业前应计算吊车、抱杆与带电体最近距离。
4. 当作业安全距离不够时应采取有效措施。

第44条

违章内容

高边坡施工未按要求设置安全防护设施；对不良地质构造的高边坡，未按设计要求采取锚喷或加固等支护措施。

防范要点

1 加强设计管理和工程论证。

2 对到岗到位人员、工作负责人严格把关，全面检查现场安全措施的落实情况，严格落实高边坡施工设置安全防护设施和采取锚喷或加固等支护措施，确保作业现场安全。

3 严格准入队伍施工能力审查，不满足要求的不允许作业。

第45条

违章内容

平衡挂线时，在同一相邻耐张段的同相导线上进行其他作业。

防范要点

1 作业前期加强施工组织，尤其针对多班组、不同单位同时作业的，工作负责人应逐一向工作班成员交代作业危险点及注意事项。

2 加强平衡挂线时的现场作业组织与管控，确保作业人员不在同一相邻耐张段的同相导线上同时进行其他作业。

第 46 条

违章内容

未经批准，擅自将自动灭火装置、火灾自动报警装置退出运行。

防范要点

1 施工现场、仓库及重要机械设备、配电设施旁，生活和办公区等配置相应的消防器材，并定期开展巡视、检查和维护。

2 加强防火设施检查，如发生故障，按相关流程汇报，经批准后方可退出灭火装置。

3 建立防火设施问题明细表，及时督促维保单位消缺处理，验收合格后及时投入运行。

第47条

违章内容

对“超过一定规模的危险性较大的分部分项工程”（含大修、技改等项目），未组织编制专项施工方案（含安全技术措施），未按规定论证、审核、审批、交底及现场监督实施。

防范要点

1 对“超过一定规模的危险性较大的分部分项工程”，必须按要求开展现场勘察，根据勘察结果编制专项施工方案。

2 “三跨”工程由专业机构论证、评审。

3 专项方案应当由施工单位技术负责人审核签字、加盖单位公章，并按相关流程报批。

4 分包单位编制的专项方案由总承包单位技术负责人及分包单位技术负责人共同审核签字并加盖公章，并按相关流程报批。

第二部分

行为违章

第48条

违章内容

未经工作许可（包括在客户侧工作时，未获客户许可），即开始工作。

防范要点

1 系统内作业必须经设备运维单位工作许可后方可开始工作。

2 在用户管理的场所及设备上工作，必须得到用户或用户授权的许可人许可。

3 现场安全措施未全部布置完成，未办理完工作票或未履行交底签名确认手续，工作人员不得开始作业。

第49条

违章内容

无票（包括作业票、工作票及分票、操作票、动火票等）工作、无令操作。

防范要点

① 严格执行《安全生产工作规程》中关于工作票（作业票）的相关规定要求。

② 严禁装表接电、小型土建施工无票作业。

③ 工作期间，工作票、卡应始终保留在工作（施工）负责人或小组负责人手中。

第50条

违章内容

作业人员不清楚工作任务、危险点。

防范要点

1 开工前，工作负责人组织全体作业人员安全交底，进行危险点及安全防范措施告知，抽取作业人员提问无误后，全体作业人员确认签字。

2 工作负责人必须对临时增加的作业人员交代工作任务及危险点。

第51条

违章内容

超出作业范围未经审批。

防范要点

1 严格在工作票任务范围内开展工作。

2 作业过程中增加工作任务时，如不涉及停电范围及安全措施的变化，现有条件可以保证作业安全，经工作票签发人和工作许可人同意后，可以使用原工作票，但应在工作票上注明增加的工作项目，并告知作业人员。

3 作业过程中增加工作任务时涉及变更或增设安全措施时，应先办理工作票终结手续，然后重新办理新的工作票，履行签发、许可手续后，方可继续工作。

第52条

违章内容

作业点未在接地保护范围。

防范要点

① 工作负责人与工作许可人在办理工作许可手续时，必须认真检查安全措施落实情况。

② 现场装设的接地线应接触良好、连接可靠。

③ 禁止作业人员擅自移动或拆除接地线。

第 53 条

违章内容

漏挂接地线或漏合接地刀闸。

防范要点

1 工作接地线应全部列入工作票，工作负责人应确认所有工作接地线均已挂设完成方可宣布开工。

2 各工作班工作地段各端和工作地段内有可能反送电的各分支线（包含用户）都应接地。

3 装、拆接地线应在监护下进行。

第54条

违章内容

组立杆塔、撤杆、撤线或紧线前未按规定采取防倒杆塔措施；架线施工前，未紧固地脚螺栓。

防范要点

1 作业人员在攀登杆塔作业前，应检查杆根、基础和拉线是否牢固，铁塔塔材是否缺少，螺栓是否齐全、匹配和紧固。

2 铁塔组立后，地脚螺栓应随即加垫板并拧紧螺母。

3 新立的杆塔应注意检查杆塔基础，若杆基未完全牢固，回填土或混凝土强度未达标准或未做好临时拉线前，不能攀登。

4 严禁采用突然剪断导线的方式进行断线。

5 紧撤线施工作业，应按规程在另一端打反向拉线。

第 55 条

违章内容

高处作业、攀登或转移作业位置时失去保护。

防范要点

1 高处作业应使用安全带，或采取其他可靠的安全措施。

2 在杆塔上等高处作业时，宜使用有后备保护绳或速差自锁器的双控背带式安全带，安全带和保护绳应分别挂在杆塔不同部位牢固构件上。高处作业人员在转移作业地点过程中，不得失去安全保护。

3 作业人员上下杆塔应交替使用安全带、后备保护绳。

第56条

违章内容

有限空间作业未执行“先通风、再检测、后作业”要求；未正确设置监护人；未配置或不正确使用安全防护装备、应急救援装备。

防范要点

1. 涉及有限空间作业必须严格执行有限空间作业安全工作规定。
2. 现场必须配备通风、检测设备并按规定开展通风检测，做好记录。
3. 现场必须配备个人防中毒窒息等防护装置，设置安全警示标志。
4. 严禁单人作业、严禁无监护人监护作业。

第 57 条

违章内容

牵引过程中，牵引机、张力机进出口前方有人通过。

防范要点

1 规范设置提示遮栏等明显安全警示标志，非作业人员不得进入作业区。

2 牵引场、张力场应设专人指挥。牵引过程中，牵引绳进入的主牵引机高速转向滑车与钢丝绳卷车的内角侧不得有人，且牵引机、张力机进出口前方不得有人通过。

3 牵引过程中如发生导引绳、牵引绳或导线跳槽、走板翻转或平衡锤搭在导线上等情况，应停机处理。

第58条

违章内容

货运索道载人。

防范要点

1 索道的架设、验收、运行维护、拆除应由施工单位专业人员或具备专业资质的专业分包单位开展。

2 索道使用必须由具备相应操作资质的人员担任操作，无操作资质人员严禁操作。

3 索道运输严禁超载，严禁运送人员或装载与工作无关的物件。

第 59 条

违章内容

超允许起重量起吊。

防范要点

1 起吊作业前应核算最大起吊重量。

2 起重设备的吊索具和其他起重工具应按铭牌的规定使用，不准超负荷使用。

3 起吊前，应再次核对起重物是否满足起重作业要求，并按规定的起重性能作业，不得超载。

第60条

违章内容

采用正装法组立超过30m的悬浮抱杆。

防范要点

1 严格落实“三算四验五禁止”要求。

2 对组立超过30m的抱杆，应采用倒装方式多次对接组立。

3 严格审批施工方案，对抱杆长度超过30m以上，一次无法整体起立时采用对接方式作出明确规定。

第 61 条

违章内容

紧断线平移导线挂线作业未采取交替平移子导线的方式。

防范要点

1 作业前应制定措施、核对杆塔受力情况、制定导线开断平移施工方案，并落实审批手续。

2 作业时，在工作负责人的指挥下严格按施工方案组织作业。

第62条

违章内容

乘坐船舶或水上作业超载，或不使用救生装备。

防范要点

1 需进行水上作业或乘坐船舶，作业前应编制有针对性的安全措施，对相关人员进行安全交底和风险告知。

2 严禁乘坐船舶或水上作业超载，乘船或水上作业人员必须使用救生装备。

第 63 条

违章内容

在电容性设备检修前未放电并接地，或结束后未充分放电；高压试验变更接线或试验结束时未将升压设备的高压部分放电、短路接地。

防范要点

1 电缆及电容器接地前及电缆耐压试验前应逐相充分放电。

2 电缆的试验过程中，更换试验引线时，应先对设备充分放电。

3 电缆试验结束，应对被试电缆进行充分放电，并在被试电缆上加装临时接地线，待电缆尾线接通后才可拆除。

4 高压试验变更接线或试验结束，应断开试验电源，并将升压设备的高压部分放电、短路接地。

第64条

违章内容

擅自开启高压开关柜门、检修小窗，擅自移动绝缘挡板。

防范要点

① 高压开关柜内手车开关拉出后，隔离带电部位的挡板封闭后禁止开启，并设置“止步，高压危险！”标示牌。

② 禁止作业人员擅自移动或拆除遮栏（围栏）、标示牌。因工作原因必须短时移动或拆除遮栏（围栏）、标示牌，应征得工作许可人同意，并在工作负责人的监护下进行。完毕后应立即恢复。

第 65 条

违章内容

在带电设备周围使用钢卷尺、金属梯等禁止使用的工器具。

防范要点

① 严格落实《安全生产工作规程》要求，在带电设备周围禁止使用钢卷尺、皮卷尺和线尺（夹有金属丝者）进行测量工作。

② 在户外变电站和高压室内搬动梯子、管子等长物，应两人放倒搬运，并与带电部分保持足够的安全距离。

③ 在变、配电站（开关站）的带电区域内或临近带电线路处，禁止使用金属梯子。

第66条

违章内容

倒闸操作前不核对设备名称、编号、位置，不执行监护复诵制度或操作时漏项、跳项。

防范要点

1 现场开始操作前，应先进行核对性模拟预演，无误后，再进行操作。

2 操作前应先核对系统方式、设备名称、编号和位置，操作中应认真执行监护复诵制度。

3 操作过程中应按操作票填写的顺序逐项操作。每操作完一步，应检查无误后做一个“√”记号，全部操作完毕后进行复查。

4 严禁单人操作、无监护操作。

第 67 条

违章内容

倒闸操作中不按规定检查设备实际位置，不确认设备操作到位情况。

防范要点

1. 倒闸操作前严格核对间隔、设备双重名称。
2. 操作前后认真核对设备状态示值。
3. 判断设备状态时，至少应有两个非同样原理或非同源的指示发生对应变化，且所有这些确定的指示均已同时发生对应变化，才能确认该设备已操作到位。

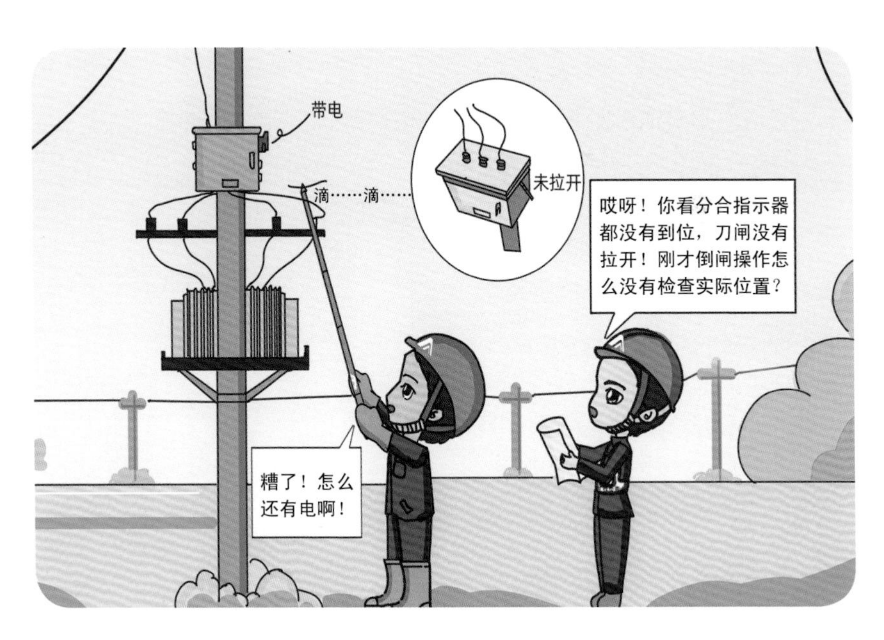

第68条

违章内容

在继保屏上作业时，运行设备与检修设备无明显标志隔开，或在保护盘上或附近进行振动较大的工作时，未采取防掉闸的安全措施。

防范要点

① 同屏位检修设备与运行设备按要求设置明显标志隔开。

② 在继电保护装置、安全自动装置及自动化监控系统屏（柜）上或附近进行打眼等振动较大的工作时，应采取防止运行中设备误动作的措施，必要时向调控中心申请，经值班调控人员或运维负责人同意，方可将保护暂时停用。

第 69 条

违章内容

随意解除闭锁装置，或擅自使用解锁工具（钥匙）。

防范要点

1 解锁工具（钥匙）应封存保管，所有操作人员和检修人员禁止擅自使用解锁工具（钥匙）。

2 若遇特殊情况需解锁操作，要履行防误解锁审批手续，解锁工具（钥匙）使用后应及时封存并做好记录。

3 严禁使用短路线解锁五防，操作开关。

第70条

违章内容

继电保护、直流控保、稳控装置等定值计算、调试错误，误动、误碰、误（漏）接线。

防范要点

1. 严格执行继电保护现场安全措施，防止继电保护“三误”事故。
2. 远方投退保护和远方切换定值区操作应具备保证安全的验证机制，防止保护误投和误整定的发生。
3. 执行调试复查制度，防止发生定值整定错误。
4. 对保护连接片进行紧固，防止发生连接片虚接，造成设备投运后保护装置误动作或不动作。

第 71 条

违章内容

在运行站内使用吊车、高空作业车、挖掘机等大型机械开展作业，未经设备运维单位批准即改变施工方案规定的工作内容、工作方式等。

防范要点

1 现场勘察、编写“三措一案”时，应根据作业内容及现场环境，充分考虑作业现场对吊车、高空作业车、挖掘机、叉车、卡车、牵引设备等大型或特种机械的需求及承载力，明确周边带电设备及安全距离。

2 严禁未经设备运维单位批准擅自改变施工方案规定的工作内容、工作方式等。

第72条

违章内容

票面（包括作业票、工作票及分票、动火票等）缺少工作负责人、工作班成员签字等关键内容。

防范要点

1 严格执行工作票签发、工作许可、工作终结等程序，工作负责人应在票面相应位置签字确认，履行安全责任。

2 作业前，认真组织召开安全交底会，履行签名确认手续。

3 严禁工作人员未签名即开始工作、他人代签等违章现象。

第 73 条

违章内容

重要工序、关键环节作业未按施工方案或规定程序开展作业；作业人员未经批准擅自改变已设置的安全措施。

防范要点

1 作业前对全部作业人员进行安全技术交底，明确施工方案、作业方法、人员分工，重点布置作业流程及安全措施。

2 作业过程中工作负责人、监护人认真履行职责，对重要工序、关键环节作业落实指挥、监护把关责任。

3 已签发的工作票，需变更设备状态、作业范围或增设安全措施时，必须履行新工作票签发和许可手续，严禁未经允许擅自更改安全措施。

第74条

违章内容

货运索道超载使用。

防范要点

1 索道由具备相应操作资质的人员操作，无操作资质人员严禁操作，落实专人专管、专人操作、专人指挥。

2 操作人员应熟悉操作流程，经培训考试合格。

3 索道操作设专人看护，运输过程中运输重量不得超过载重规定。

4 要有验收牌并标注最大荷载。

第75条

违章内容

作业人员擅自穿、跨越安全围栏、安全警戒线。

防范要点

1 因工作原因必须短时间移动或拆除遮栏（围栏）、标示牌，应征得工作许可人同意，并在工作负责人的监护下进行，完毕后立即恢复。

2 工作负责人、监护人应严格监督，发现作业人员有跨越围栏意图，要及时制止，并进行批评教育。

第76条

违章内容

起吊或牵引过程中，受力钢丝绳周围、上下方、内角侧和起吊物下面，有人逗留或通过。

防范要点

1 作业前对作业人员交代吊装、牵引危险点及起吊作业相关规程要求和注意事项。

2 现场设置监护人，负责现场人员看护并及时制止违章行为。

3 立、撤杆塔时，除指挥人员及指定人员外，其他人员应在杆塔高度1.2倍距离以外。

第 77 条

违章内容

使用金具 U 形环代替卸扣；使用普通材料的螺栓取代卸扣销轴。

防范要点

1 工作负责人作业前检查所需工器具齐备并满足作业条件后方可作业。

2 施工过程中认真确认卸扣、U 形环等工具、金具，严禁替代。

3 严格卸扣使用，避免使用普通材料的螺栓替代卸扣销轴，卸扣销轴不能处于活动的绳套内，卸扣应避免横向受力。

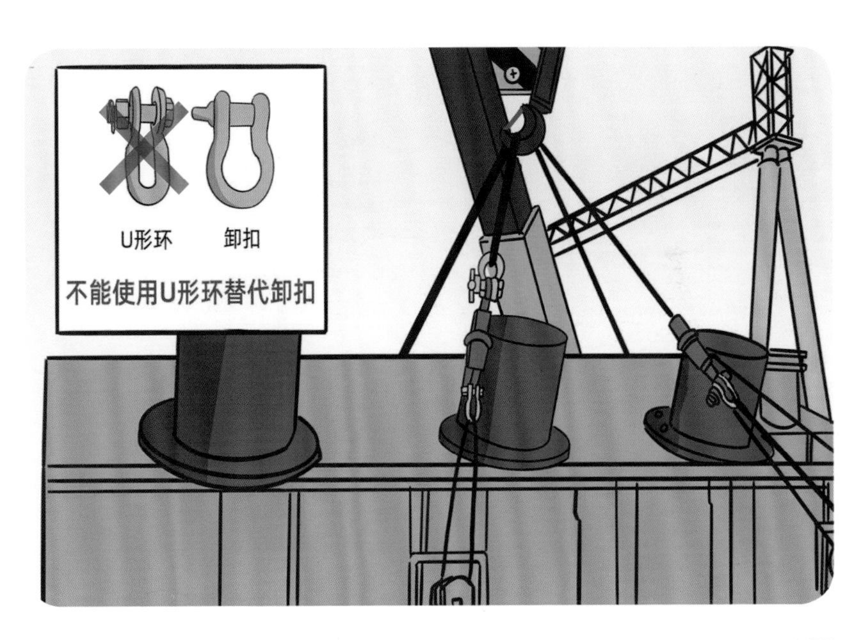

第78条

违章内容

放线区段有跨越、平行输电线路时，导（地）线或牵引绳未采取接地措施。

防范要点

1 现场勘察时，对跨越、平行输电线路进行逐一标注，并根据勘察结果制定相应接地措施。

2 架线前，放线施工段内的杆塔应与接地装置连接，并保证接地装置符合要求。

3 牵引设备和张力设备可靠接地。

4 牵引机及张力机出线端的牵引绳及导线上安装接地滑车。

5 跨越不停电线路时，跨越挡两端的导线接地。

第 79 条

违章内容

耐张塔挂线前，未使用导体将耐张绝缘子串短接。

防范要点

1 严格审查“三措一案”，应将耐张塔挂线预防电击要求编入方案。

2 耐张塔挂线前，使用导体将耐张绝缘子串短接，并由监护人进行确认后方可进行下一步工作。

第80条

违章内容

在易燃易爆或禁火区域携带火种、使用明火、吸烟；未采取防火等安全措施在易燃物品上方进行焊接，下方无监护人。

防范要点

1 作业现场禁止吸烟。

2 严格动火作业制度，填用动火工作票。

3 变电站设备场区、高压室、保护屏室内等禁火区域应设立禁火标志。

4 将易燃易爆品纳入现场危险点管控。

5 野外作业要有防山火安全措施。

第 81 条

违章内容

动火作业前，未将盛有或盛过易燃易爆等化学危险物品的容器、设备、管道等生产、储存装置与生产系统隔离，未清洗置换，未检测可燃气体（蒸气）含量，或可燃气体（蒸气）含量不合格即动火作业。

防范要点

1. 严格动火作业制度，填用动火工作票。
2. 凡在盛有或装过易燃易爆等化学危险物品的容器、设备、管道等生产、储存装置及处于易燃易爆场所的生产设备上动火作业，应进行清洗、置换，经检测可燃气体含量合格后方可作业。

第82条

违章内容

动火作业前，未清除动火现场及周围的易燃物品。

防范要点

1 施工单位严格进行现场勘察，对动火作业周围环境进行详细记录，确保现场危险点分析控制到位。

2 严格动火作业制度，填用动火工作票。

3 动火作业应有专人监护，动火作业前及时清除动火现场及周围的易燃物品，配备消防设施、器材，并指定专人管理。

第 83 条

违章内容

生产和施工场所未按规定配备消防器材或配备不合格的消防器材。

防范要点

1 在生产和施工场所配备消防设施、器材，指定专人管理，建立档案。

2 对配备的消防设施、器材定期检查，填写检查卡，对不合格的消防器材及时更换，对故障的消防设施及时维修。

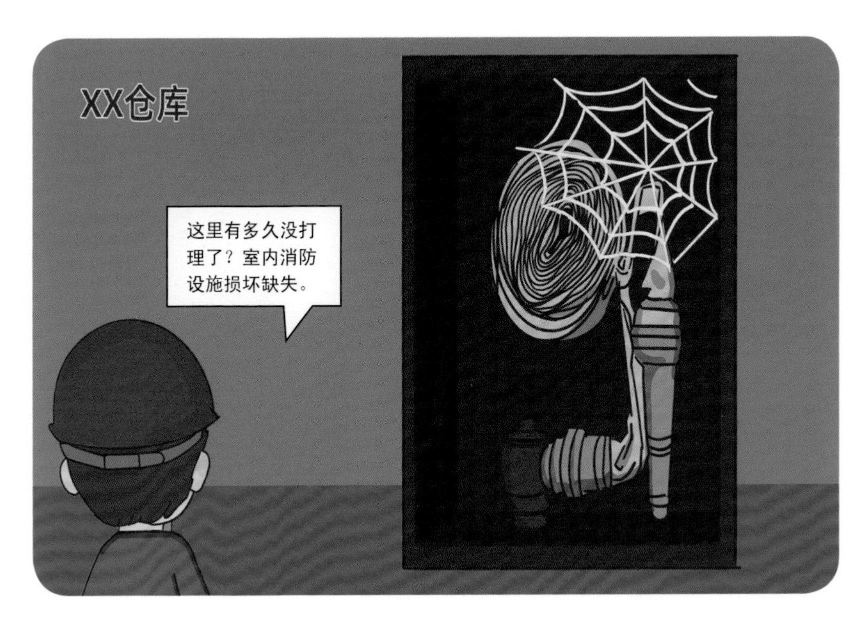

第84条

违章内容

作业现场违规存放民用爆炸物品。

防范要点

1. 爆破作业项目应承包给营业性爆破作业单位实施。

2. 专用仓库和临时存放点应按《民用爆炸物品安全管理条例》《爆破安全规程》等有关规定管理，并设置专人进行管理。

第 85 条

违章内容

擅自倾倒、堆放、丢弃或遗撒危险化学品。

防范要点

1. 加强危险化学品安全知识培训，危化品周围粘贴标志牌，提示现场人员需注意事项。

2. 使用专用工器具对危险化学品进行运输、储存、使用，并全程有人监督。

3. 危险化学品排放应符合相关标准，应联系有资质的单位进行处理。

第86条

违章内容

带负荷断、接引线。

防范要点

1. 带电断、接引线前，必须拉开负荷侧断路器、隔离开关。
2. 断、接引线作业前，安排专人核查线路带负荷情况，确保需断、接引设备未带负荷，方可作业。

第 87 条

违章内容

电力线路设备拆除后，带电部分未处理。

防范要点

1 编制拆除作业方案，明确遗留线路设备的运行状态及采取的措施。

2 现场施工人员在电气设备拆除后，尾线必须做绝缘处理，并固定，保证安全距离。

3 若二次设备已退出运行，其专用的一次设备必须停用。

第88条

违章内容

在互感器二次回路上工作，未采取防止电流互感器二次回路开路，电压互感器二次回路短路的措施。

防范要点

① 认真核对图纸和实际接线，电流端子用连接片封死拧紧；电压端子拉开。

② 在运行电压互感器上进行二次工作时，应使用绝缘工具，站在绝缘垫上，防止短路。

③ 若负荷较大，必要时可拉开一次设备，再进行电流互感器二次回路上的工作。

第 89 条

违章内容

起重作业无专人指挥。

防范要点

1. 起重作业指挥人员应持证上岗。
2. 起重作业指挥人员要在工作票中明确，并清楚危险点。

第90条

违章内容

高压业扩现场勘察未进行客户双签发；业扩报装设备未经验收，擅自接火送电。

防范要点

① 严禁未经验收私自接火送电的行为。

② 高压业扩现场勘察、验收，严格执行“现场作业工作卡”，履行“双签发、双许可”工作要求，工作中严禁接触、操作用户设备，全程在客户的陪同下开展工作。

第 91 条

违章内容

未按规定开展现场勘察或未留存勘察记录；工作票（作业票）签发人和工作负责人均未参加现场勘察。

防范要点

1 由工作负责人或工作票签发人组织，设备运维管理单位和作业单位相关人员参加。

2 现场勘察应填写现场勘察记录，并作为作业风险评估定级，工作票签发人、工作负责人及相关各方编制“三措一案”和填写、签发工作票（作业票）的依据。

3 勘察记录与工作票（作业票）一同保管、存档。

第92条

违章内容

脚手架、跨越架未经验收合格即投入使用。

防范要点

1 脚手架、跨越架搭设应有搭设方案或施工作业指导书，并经审批后办理相关手续。

2 脚手架、跨越架搭设后应经使用单位和运维单位（监理单位）验收合格挂牌后方可使用，使用中应定期进行检查和维护。对于验收不合格的，应由施工单位进行整改处理，满足要求后方可作业。

第 93 条

违章内容

三级及以上风险作业管理人员（含监理人员）未到岗到位进行管控。

防范要点

1 发布作业计划时，确定作业风险的同时确定到岗到位人员，并挂网公布。

2 到岗到位人员到达现场后，必须使用安全风险管控平台进行到岗到位监督，上传监督信息，并满足相关管理要求。

第94条

违章内容

电力监控系统作业过程中，未经授权，接入非专用调试设备，或调试计算机接入外网。

防范要点

① 使用专用的调试计算机及移动存储介质，调试计算机严禁接入外网。

② 开工前，由工作负责人向工作签发人申请授权，并向工作班成员宣布工作内容和风险点，使用专用调试终端，检查专用调试终端或调试计算机安全加固状态。

第 95 条

违章内容

高压带电作业未穿戴绝缘手套等绝缘防护用具；高压带电断、接引线或带电断、接空载线路时未戴护目镜。

防范要点

① 作业人员上斗前应穿戴好全套的个人防护用具，并由工作负责人或监护人检查确认合格后方可开始作业。

② 开展高压带电断、接引线作业项目时，作业人员上斗前由工作负责人或专责监护人检查确认是否正确佩戴护目镜，合格后方可开始作业。

第96条

违章内容

汽车式起重机作业前未支好全部支腿；支腿未按规程要求加垫木。

防范要点

1 汽车式起重机作业前应根据作业内容和现场环境选择合理站位。

2 作业前，由操作人员支好全部支腿加垫枕木或钢板，并保证吊车水平。

3 起吊作业前，工作负责人、起重指挥人员检查其支腿是否全部支开、是否按要求加设满足要求的垫木。

4 调整支腿应在无载荷时进行，且应将起重臂转至正前或正后方位。

第 97 条

违章内容

导线高空锚线未设置二道保护措施。

防范要点

① 现场配置落实二道保护措施工器具。

② 作业时由工作负责人进行检查，二道保护措施落实并经核实合格后方可后续作业。

第98条

违章内容

高处作业时，施工材料、工器具等放在临空面或孔洞附近，未采取防坠落措施。

防范要点

1 从事高空作业时必须配置工具包、马桶袋，工具要绑上保险绳。

2 加强高空作业场所及临空面或孔洞附近物品清理、存放管理，做好物件防坠措施。

3 强化安全作业习惯的培养，工器具及材料在使用、安装过程中，不得处于无控制的状态。

第 99 条

违章内容

酒后进入现场作业。

防范要点

1 落实安全交底会制度，严格作业前“三交三查”，作业前对参加作业人员的身体、精神状态进行确认。

2 对酒后作业行为人及现场管理人员严肃处理。

3 严格执行工作票所列人员的安全责任。

第100条

违章内容

随意上下抛掷施工材料及工器具。

防范要点

1. 加强现场人员安全教育培训，强化作业安全意识。
2. 高处作业时，上下传递物件时采取绳索传递，不得上下抛掷，传递小型工件、工具时使用工具袋。
3. 对高空抛物行为人及现场管理人员严肃处理。
4. 作业点下方设置安全围栏，严禁无关人员进入施工区域。

抗牢安全稳定责任　筑牢本质安全防线
安全手册